AF262257

QUELLE DOIT ÊTRE LA CONDUITE DE L'ACCOUCHEUR

LORSQU'IL EST OBLIGÉ D'INTERVENIR

DANS LES POSITIONS OCCIPITO-POSTÉRIEURES.

Par le Dr **E. Verrier**, professeur à l'École pratique.

On sait que le plus souvent, contrairement à l'inclinaison du plan postérieur et du bassin, la tête, lorsque la fontanelle postérieure est tournée en arrière, exécute un mouvement de rotation qui ramène l'occiput sous la symphyse du pubis, et l'accouchement se termine comme dans les positions occipito-antérieures. C'est ce qu'on appelle une position occipito-postérieure réduite.

L'on sait aussi que si ce mouvement de rotation vient à manquer, la tête s'engage, et l'occiput, d'abord placé vers l'une des symphyses sacro-iliaques, ne tarde pas à se porter complétement en arrière ; et alors, après avoir parcouru par un mouvement de flexion forcé toute la face antérieure du sacrum et du périnée distendu, il vient se dégager à la commissure postérieure de la vulve.

Dans les deux cas, on comprend que le travail puisse être long : le mouvement de rotation demandant un certain temps pour s'exécuter dans les positions occipito-postérieures, et le périnée devant être distendu énormément lorsque l'occiput doit venir se dégager au devant de lui.

Le premier mode de dégagement est certainement le plus favorable, surtout s'il s'opère avant la rupture des membranes ou peu de temps après l'écoulement des eaux de l'amnios : alors le fœtus ne souffre pas. Il est vrai que le mouvement de flexion dans les positions occipito-sacrées ne cause non plus aucun préjudice au fœtus ; mais en est-il de même du périnée ? N'est-il pas fréquemment menacé d'une rupture ? Que de précautions l'accoucheur ne doit-il pas avoir dans ce mode de dégagement !

Quoi qu'il en soit, ce sont là les deux moyens employés par la nature pour l'accouchement spontané dans les positions occipito-postérieures.

Or, quel ne doit pas être l'embarras du praticien lorsque, dans une position occipito-postérieure, préalablement constatée, l'accouchement ne s'accomplit pas, parce que la tête n'a pu s'engager par suite de l'insuffisance des contractions, de l'excès de son volume, ou à cause du rétrécissement du bassin, ou bien quand l'accoucheur est obligé d'intervenir pour un danger pressant que peut courir la mère ou le fœtus.

M. Pajot enseigne de faire dans ces cas une application du forceps et de dégager en occipito-sacrée, c'est-à-dire en tirant en haut pour faciliter la flexion, puis en bas pour le mouvement d'extension quand l'occiput est dégagé au devant du périnée.

M. Depaul, au contraire, conseille de ramener l'occiput sous la symphyse pubienne, c'est-à-dire d'opérer la réduction artificielle

Ces deux procédés ont été diversement appréciés ; il importe que le praticien soit fixé à leur égard: Voyons donc :

1° Ce que nous indique le raisonnement ;

2o Quelle est l'opinion des auteurs sur ce sujet ;

3o Quelles conclusions nous pourrions tirer des 46 faits que j'ai recueillis dans le but d'éclairer la question.

A. Il ne faut pas réfléchir longtemps pour s'apercevoir que si on veut, suivant le conseil donné par M. Depaul, après Smellie et M. Danyau, ramener l'occiput du fœtus sous la symphyse du pubis, on risquera de lui luxer les vertèbres cervicales, ou de léser la moelle épinière, puisque l'articulation atloïdo-axoïdienne ne lui permet guère plus d'un quart de cercle de rotation dans les cas ordinaires.

Ce danger deviendra plus grand si on opère longtemps après la rupture des membranes, parce que le liquide amniotique étant écoulé, le tronc pourrait bien ne pas suivre le mouvement de rotation imprimé à la tête.

De plus, il est nécessaire d'opérer avec un forceps droit, qui manque à la majorité des praticiens, parce qu'il est dangereux de tourner la courbure supérieure du forceps ordinaire en arrière dans l'excavation du bassin. Ou bien il faut faire deux applications successives du forceps ordinaire : la première ramenant l'occiput derrière l'éminence iléo pectinée, la deuxième complétant la rotation et l'extraction ; et ces deux applications doivent être séparées par un intervalle de 10 à 15 minutes pour laisser au tronc le temps de suivre le mouvement de rotation imprimé à la tête. D'où un nouveau retard s'il y a un danger pressant. Outre la difficulté d'exécution et ce que peut avoir de désagréable dans une famille une double application de forceps, il peut encore arriver que le tronc restant immobile après la rotation de la tête opérée par la première application de l'instrument, force cette tête à retourner dans sa position primitive et rende ainsi nuls les efforts de l'accoucheur.

Aussi, la plupart des auteurs, comme nous allons le voir plus loin, étaient-ils de l'avis donné par M. Pajot de choisir le second mode de dégagement, enseigné par la nature, c'est-à-dire d'entraîner l'occiput dans la concavité du sacrum et de relever peu à peu le forceps jusqu'à ce que la fontanelle postérieure se soit montrée au dehors du bord inférieur de la vulve, malgré tout le danger que peut courir le périnée, qui, pendant cette manœuvre, est distendu outre mesure ; car il faut arriver à ce que l'opérateur puisse, en abaissant son instrument, produire le mouvement d'extension nécessaire au dégagement complet de la première partie fœtale.

Ne vaut-il pas mieux, en effet, une déchirure du périnée, qu'avec des précautions on a l'espoir d'éviter, que la mort d'un enfant dont nous menace le raisonnement.

B. L'opinion des auteurs vient donner encore plus de force à la théorie admise par M. Pajot, comme nous le faisions pressentir tout à l'heure.

En effet, Baudelocque (6ᵉ édition, page 154,) après avoir conseillé l'application du forceps, comme dans l'occipito-cotyloïdienne gauche, conseille de ramener le front sous le pubis, par conséquent l'occiput dans la cavité sacrée, et il ajoute § 1795 : L'on ne doit jamais s'efforcer de conduire la face de l'enfant vers le sacrum, parcequ'elle ne pourrait y parvenir qu'en parcourant un grand tiers de circonférence du bassin et que ce mouvement ne pourrait s'accomplir sans que le cou de l'enfant n'éprouvât une torsion dangereuse... La courbure du forceps d'ailleurs ne permettrait guère de rouler la tête à ce point.

Levret, bien qu'il différât dans la méthode d'application des branches, ramenait aussi le front sous le pubis, comme le prouvent plusieurs observations de cet auteur rapportées par Millot (*Supplément à tous les Traités* t. II).

Capuron (p. 546) dit que le placement des branches étant fait comme dans les positions antérieures, on doit ramener l'occiput dans le milieu du sacrum.

M Velpeau (1re éd , p. 775) dit : L'occiput devant sortir le premier présentera des difficultés et des dangers pour le périnée ; mais l'opération serait plus dangereuse et difficile si le bord concave du forceps était tourné en arrière.

Maygrier ne parle que des positions transversales, et, bien qu'il ramène l'occiput sous la symphyse du pubis, il ajoute en *nota*, p. 435, que cette rotation doit faire craindre que la tête ne soit tordue, parce que le tronc ne suit pas toujours le mouvement de la tête.

J. Hatin (page 190) enseigne aussi de ramener l'occiput en arrère.

Gardien (3e éd., t. III, p. 519), *Lachapelle* (1er mém., Observ. de 38 à 47), Nægelé (Manuel);

Jacquemier (p. 405), Cazeaux (p 832), Chailly (p. 637), *Pajot* (Leçons orales et Tableau des principales opérations obstétricales), Hyernaux (p. 263), partagent tous la même opinion.

M. Jacquemier fait cependant des réserves pour le cas où l'occiput a tendance à exécuter son mouvement de rotation, et Mme Lachapelle, dans les observations précitées, a noté plusieurs fois que, sous l'influence du forceps, la tête tournait plus ou moins et quelquefois même spontanément, au point qu'une position primitivement postérieure devenait antérieure.

Quant à Smellie et **M.** Danyau, on sait qu'ils ont proposé de ramener l'occiput sous l'arcade pubienne par une double application de forceps, comme dans les positions mento-postérieures de la face. J'ai vu M. Blot opérer avec succès dans un cas semblable, sur une femme qui avait subi en ville plusieurs tentatives infructueuses d'application du forceps par la méthode généralement admise.

Du reste, pour cette opération, un forceps droit ou très peu courbé conviendrait beaucoup mieux, et une seule application pourrait alors suffire.

Le danger, nous l'avons déjà dit, consiste dans la torsion du cou de l'enfant, quoiqu'il soit un peu protégé par la souplesse, plus grande chez le fœtus, de l'articulation atloïdo-axoïdienne, qui peut dans quelques cas bien rares permettre une rotation de près d'un demi-cercle.

C. C'est à cette méthode que s'est rallié M. le professeur Depaul. Voyons si nous devons nous aussi l'adopter, d'après les observations dont je donne ici le résumé. J'ai recueilli ces observations dans le seul établissement de la Clinique, n'ayant pas voulu y joindre quelques faits recueillis dans ma pratique privée, parce qu'ils n'auraient pas eu l'authenticité nécessaire, tandis que ceux que je présente peuvent être contrôlés par tout le monde, les pancartes des malades étant toujours dans les mains de la sage femme en chef.

J'ai établi deux grandes distinctions : les primipares et les multipares.

Ainsi sur 46 cas, il y a 29 primipares :

L'occiput était en arrière et à droite,	20	fois
— en arrière et à gauche,	7	»
— transversalement,	1	»
— en arrière directement,	1	»
Le travail a été : 1° inférieur à 12 heures,	11	»
2° de 12 à 24 heures,	9	»
3° au-dessus de 24 heures,	9	»
Dans le premier cas, le poids moyen de l'enfant	3151	gr.
2° — —	2950	»
3° — —	2771	»
Dans le premier cas, dégag. en occ.-pubienne	10	»
2° — —	9	»
3° — —	8	»

Dans le premier cas, le diamètre occipito-frontal multiplié par le diamètre bipariétal a donné   108 cent. 3
Dans le 2e cas   104   8
     3e   105   1

Le forceps a été appliqué	7	fois
Le dégagement a eu lieu en occipito-sacrée,	1	»
en occipito pubienne,	6	»

Sur les 17 multipares, on a trouvé :

La tête en arrière et à droite,	13	fois
— — à gauche,	4	»
Le travail a été :		
1° Inférieur à 12 heures,	12	fois
2° De 12 heures à 24 heures,	2	»
3° Au-dessus de 24 heures,	1	»
4° Non observé.	1	»
Dans le 1er cas, le poids moyen de l'enfant était de	3039	»
2°	3550	»
3°	2550	»
4°	4300	»
Dans le 1er et le 4e cas dégagement occ.-pub.	11	fois
— 2°	2	»
— 3°	1	»

Dans un cas de grossesse double, le dégagement n'a pas été noté.

Dans le premier cas la multiplication du diamètre longitudinal par le diamètre transversal a donné   104 »
Dans le 2e cas.   104 5
     3e   108 »

Le forceps n'a pas été appliqué.

(OBSERVATIONS).

Primipares.

Première observation. — (Clinique d'accouchement, n° 4). Claudine Forest, 23 ans ; à terme, bassin normal. Accouchée le 23 février 1860, après 17 heures de travail. L'enfant se présenta en position occipito-iliaque droite postérieure et sortit en occipito-pubienne.

Il pesait 3,000 gr. Diamètre,   O. F. 11 centimètres.
Bipariétal 10 c.

Deuxième observat. (n° 12), — Marguerite Jakobi, 25 ans ; à terme, bassin normal. Accouchée le 10 février 1860, après 14 heures de travail. L'enfant se présenta en occipito-iliaque droite postérieure et sortit en occipitopubienne.

Il pesait 2,500 gr. Diamètre   O. F. 11 1/2 c.
     O. M. 12
Bipariétal   8

Troisième observat. (n° 33). — Laure Amblat, 17 ans ; 7 m. 1/2 à 8 mois de grossesse, bassin normal. Accouchée le 20 décembre 1859, après 9 h. 1/2 de travail. L'enfant se présenta en occipito-iliaque droite postérieure et sortit en occipito-pubienne.

Il pesait 2,500 gr. Diamètre   O. F. 12 c.
Bipariétal.   9 c. 1/2
Métro-péritonite suivie de guérison.

Quatrième observat. (n° 12). — Madeleine Blanc, 21 ans ; à terme, bassin rétréci ; on sent l'angle sacro-vertébral avec l'indicateur. Accouchée le 10 janvier 1860 ; 24 heures de travail. Position occipito iliaque droite postérieure réduite,

Poids de l'enfant, 2,900 gr.
Diam. O. F.   11 1/2 c.
Bipariétal   1
Le père de l'enfant est très petit.

Cinquième observat. (n° 13). — Marie Godefroy, 25 ans ; à terme, bassin normal. Accouchée le 24 mars 1860, après 9 heures de travail. Position occipito-iliaque gauche postérieure réduite.

Poids de l'enfant, 3,200 gr,
Diam. O F.   11 c.
Bipariétal   10
Métro-péritonite, mort 2 jours après l'accouchement.

Sixième observat. (n° 24). — Amélie Renaud, 25 ans ; à terme, bassin normal. Accouchée le 21 avril 1860, en 5 heures. Position O. I. D. P, réduite.

Poids de l'enfant, 3,500 gr.

Diam. O. F.	12 centim.
O. m.	13 »
Bipar :	9 »

Cette femme avait présenté pendant sa grossesse les prodromes de l'éclampsie, et après l'accouchement, un peu de métropéritonite traitée par une application de sangsues, guérison. Elle sort le 2 mai, ne présentant plus d'albumine dans les urines.

Septième observat. (n° 18). — Léontine Lebrun, 17 ans; enceinte de 8 mois 1/2, bassin normal. Accouchée le 31 mars, en position O. I. D. P. réduite, en 9 heures.

Poids de l'enfant, 3 k°.

Diam. O. F.	13 centim.
O. M.	14 »
Bipar :	9 »

Huitième observat. (n° 10). — Catherine Dubray, 27 ans; à terme, bassin non examiné; elle est amputée de la cuisse droite vers son tiers inférieur. Les douleurs sont très violentes; cependant elle accouche le 24 juin 1860, en 18 heures, d'une fille faible de 3,000 gr., venue en position occipito-iliaque gauche postérieure, réduite.

J'ai revu cette femme un an après; elle allait bien, elle et son enfant. Quelques traces de scrofule, qu'elle porte, me font croire que cette amputation avait été pratiquée pour des accidents de cette nature. L'opération remonte du reste à 16 ans de date.

Neuvième observat. (n° 34). — Emilie Schaller, 16 ans; à terme, bassin normal. Accouchée le 2 juin 1860, d'un enfant de 3,000 gr., venu en O. I. gauche postérieure, réduite en occipito-pubienne. Durée du travail 9 heures 1/2.

Dixième observat. (n° 27). — Constance Henriot, 22 ans; à terme, bassin bien conformé. Accouchée le 8 juin 1860, en 14 heures, d'une fille du poids de 2,950 gr., venue en position occipito-iliaque droite postérieure, réduite.

Diam, O. F.	11 centim.
O. M.	13 1/2 »

Onzième observat. (n° 2). — Femme atteinte de manie puerpérale. Catherine Simon, 22 ans; bassin normal, présentation du sommet, O. I. gauche postérieure non réduite. Accouchée en 5 heures 1/4, le 27 mai 1864; enfant du sexe féminin, poids 3;110 gr.

Diam. O. F.	10 1/2 centim.
Bipar :	9 1/2 »

Douzième observat. (n° 2). — 25 décembre 1864. Cette malade est affectée d'un kyste de l'ovaire compliquant la grossesse. Elle accouche spontanément, en 13 h. 1/2, d'un enfant venu en position O. I. D. P, réduite.

Le kyste n'a pas gêné la transmission des contractions abdominales à la matrice.

Poids de l'enfant 2,400.

Diam.	O. F.	10 centim.
	O. M.	12 »
	Bipar:	9 »

La femme est morte plus tard, et le diagnostic du kyste a été reconnu vrai.

Treizième observat. (n° 5). — 10 mars 1865. Josephine Fresson, 37 ans, occipito-iliaque droite postérieure, réduite en 7 heures; enfant mâle, poids 3,700 gr.

Diam.	O. F.	12 centim.
	O. M.	14 »
	Bipar.	9 1/2 »

Quatorzième observat. (n° 6) — 3 avril. Ernestine Rossignol, 20 ans; bassin à peine 8 centim. Accouchée spontanément O. I. G. P. en 15 heures 1/2.

Poids de l'enfant, 2,950 gr.

Diam.		10 centim.
	Bipar :	9 »

Quinzième observat. (n° 25). — Marie Mercé, 25 ans, négresse; bassin bien conformé ; à terme. Accouchée le 24 décembre 1863, travail 25 heures 45 minutes; sommet : O. D. I. P. réduite.

Fille pesant 3,280 gr.

Diam.	O. F.	11 1/2 centim.
	O. M.	14 centim.
	Bipar :	9 »
	S. O. B.	10 »

Le père de cet enfant est blanc. Le front de l'enfant paraît seul coloré.

Seizième observat. (n° 13). — Séraphine Justin, 33 ans; à terme. Accouchée le 7 avril, après 30 heures 50 minutes, d'un enfant faible de 2,430 gr., venu en occipito-iliaque droite postérieure, réduite. Il y a eu, dans ce cas, une oblitération du col, qu'il fallut ouvrir de force et qui retarda le travail.

Dix septième observat. (n° 26). — Louise Choquet, accouchée, à 8 mois, en 16 heures, O. I. G. postérieure, réduite. L'ossification était peu avancée.

Péritonite consécutive, mort.

Enfant, poids 2,900 gr.

Diam.	O. F.	11 1/2 centim.
	Bipar :	8 1/2 »

Dix-huitième observat. (n° 23). — 13 février 1865. Claudine Arnoult, enceinte de 8 mois 1/2 O. I. D. P, réduite avec procidence des deux mains appliquées sur les joues. Accouche en 3 h. 1/2.

Enfant, poids 3 k°. Diam.

          O. F.   11 1/2 centim.
          O. M.   12   »
          Bipar :   9 1/2   »

Dix-neuvième observat. (n° 17). — 26 décembre 1864. Julie Lieb, 25 ans ; O. I. D. P, réduite en 24 heures.

Poids de l'enfant 3,350 gr.
          Diam. O. F.   11 1/2 centim.
          Bipar :   9 1/2   »

Vingtième observat. (n° 5). — 5 octobre 1864. Pigot, 30 ans ; à terme, bassin normal, sommet O. I. D. P, réduction et accouchement en 12 heures 1/2, poids de l'enfant 2,650 gr.

          Diam. O. F.   11 1/2 centim.
               O. M.   11   »
               Bipar: 9   »

Dans un cas semblable M. Blot appliquant le forceps, vit après le placement de la première branche la tête tourner en occipito-pubienne.

Vingt et-unième observat. (n° 1). Eugénie Vaudier, 21 ans ; bassin normal. Accouchée le 2 janvier 1860, d'un enfant mort-né, à la suite d'une chute. Elle avait vu ses règles, pour la dernière fois le 1er juin 1859 ; elle ne pouvait donc être enceinte tout au plus que de 7 mois. L'enfant se présenta par le sommet, en occipito-sacrée directe, son poids était 1,200 gr.

Le travail dura 37 heures 45 minutes.

La mort pouvait remonter à 8 jours ; eaux de l'amnies teintes de méconium. La rupture des membranes ne précéda l'accouchement que de 15 minutes. Le placenta était friable.

Vingt-deuxième observat. (n° 12). *Forceps.* — Adèle Lenoir, 23 ans, bassin bien fait, et à terme. Présentation du sommet, en occipito-iliaque gauche postérieure. Après 48 heures d'attente l'accouchement ne se faisant pas, bien que la dilatation soit complète depuis 6 heures, M. Pajot applique le forceps le 8 mars 1860 et obtient par son procédé un enfant de 3,500 gr, avec les diamètres suivants : O. F.   13 centim.

               O. M.   11   »
               Bipar.   8   »

Cette femme eut deux attaques d'éclampsie après la délivrance et une métro péritonite. Sort guérie le 22 avril.

Vingt-troisième observat. (n° 10). *Forceps.* — Antoinette Bocquet, 31 ans, à terme ; cette femme est affectée d'une luxation spontanée du fémur d'un seul côté ; cette luxation est congénitale. Le bassin est aplati ; on lui suppose 1 centimètre 1/2 de moins. Après 31 heures de douleurs, le 3 juillet 1864, on incise l'orifice utérin, non complètement dilaté, et M. Depaul applique le forceps pour réduire la position occipito-iliaque droite postérieure en occipito-pubienne (deux applications) ; il amène un enfant vivant, mais faible et rendant du méconium en abondance. L'opérateur doute lui-même que l'enfant puisse s'élever. En effet, il meurt le lendemain.

Pour être juste, il faut dire que déjà l'enfant rendait du méconium avant l'application du forceps.

Poids de l'enfant, 2,430 gr.

Diam. O. F.   11 centim.
    O. M.   13   »
    Bipar :   9   »

Vingt-quatrième observat. (nº 10). *Forceps.* — Madame Cappel, 27 ans, bien conformée. Elle a eu des hémorrhagies causées par l'insertion vicieuse du placenta.

Enceinte de 8 mois. Rupture artificielle le 21 septembre, la dilatation étant presque complète. Position. O. I. G. transversale. Application de forceps au détroit supérieur par M. Blot; dégagement en occipito-pubienne; durée 24 heures. Enfant affaibli, mais ranimé.

Poids, 2,900 gr.

Diam. O. F.   12 1/2 centim.
    O. M.   14   »
    Bipar :   10 1/2   »

La rotation se fit spontanément dans le bassin. La femme mourut le 6 octobre d'une infection purulente.

Vingt-cinquième observat. (nº 2). *Forceps.* — Irma Germain, 21 ans 1/2; bassin 7 c. 1/2 net, le côté droit plus large que le gauche, à terme.

Sommet. O. I. D. P, réduite par deux applications du forceps après 21 heures de travail, le 27 octobre 1864.

Fille du poids de 2,950 gr. morte dans la journée.

Diam. O. F.   12 centim.
    O. M.   4   »
    Bipar :   9   »

Une dépression considérable du crâne s'est produite à la bosse coronale droite, qui correspond à l'angle sacro-vertébral; un œil a été projeté hors de l'orbite.

Vingt-sixième observat. (nº 9). — 11 janvier 1865. Madame Leber, 17 ans, éclamptique, O. I. G, postérieure, réduite par le forceps après dix heures de travail. Opérateur M. Depaul, enfant faible, mais ranimé, Poids 4,100 gr.

Diam, O. F.   13 1/2 centim.
    Bipar :   9   »

Vingt-septième observat. (nº 14) *Forceps.* — 6 mars 1865, Dieudonné, 23 ans; à terme, O, I, D. P, réduite, 41 heures 1/2 de travail. Coxalgie, bassin vicié.

L'enfant souffre; forceps, réduction en occipto-pubienne. Périnée très rigide, deux incisions latéro inférieures.

La bouche de l'enfant est pleine de méconium, mais il vit.

Poids de l'enfant 2,850 gr,

Diam. O. F,   11 centim.
Bipar :   9   »

Vingt-huitieme observat. (n° 33). *Forceps.* — Le 9 février 1860. Joséphine F.., 23 ans ; bassin normal, occipito ili. droite postérieure. Insuffisance des contractions ; M. Pajot applique le forceps. Au moment de l'application la tête avait commencé sa rotation et était devenue transversale ; durée 38 heures. Poids de l'enfant 3,550 gr,

Diam, O. F.   12 centim.
Bipar :   9   »

Vingt-neuvième observat. (n° 3). *Forceps.* — Le 23 juillet 1863. Pirault, femme Lemaire, 33 ans ; bassin 7 3/4 ; sans réduction, à terme. Présentation du sommet, procidence du bras gauche, position occ.-iliaque droite postérieure, réduite par le forceps. Opérateur M. Depaul, durée 31 heures. Enfant faible, mais ranimé ; poids de l'enfant 2,800 gr.

Diam, O, F.   12 1/2 centim.
Bipar :   9 1/4   »

Cette femme avait subi, chez elle, plusieurs tentatives d'applications de forceps, probablement par la méthode ordinaire. Son enfant, quoique très faible, vivait encore le 28 juillet. *multipares.*

Trentième observat. (n° 12). — Madame Coctu, 23 ans, deuxième enfant à terme ; rachitique, bassin rétréci. Accouchée en 24 heures le 29 janvier 1860, d'une fille de 2,550 gr. venue en position occipito-iliaque droite postérieure réduite ; la rupture des membranes a précédé la dilatation complète de 6 heures.

Diam. O. F.   12 centim.
O. M.   1/2 bipar. 9 c.

La femme n'a marché qu'à 5 ans, les diamètres du bassin ne sont pas notés ; mais tout porte à croire que la réduction n'est pas très considérable ; il paraît plus large d'un côté que de l'autre. Les os du crâne du fœtus sont très réductibles.

Trente et unième observat. (n° 21). — Catherine Roune, 28 ans, deuxième accouchement à terme. Accouchée en 7 heures le 4 avril, d'un enfant de 2000 g. venu en position O. l. droite postérieure.

O. F.   10 1/2 centim.
Bipar :   9 1/2   »

Trente-deuxième observat. (n° 19). — Alexandrine Gauder, 25 ans ; bassin normal. Elle a eu un garçon à terme ; enceinte de 9 mois. Son enfant se présente en occipito-iliaque gauche postérieure. La tête s'engage, l'occiput tourne dans la cavité sacrée, et se dégage à la commissure antérieure du périnée après 11 heures de travail.

L'enfant pèse 3,300 gr.

Diam. O. F.   14 centim.
Bipar :   9   »

L'enfant porte sur la partie latérale droite de la tête une large ecchymose provenant du mode de dégagement.

Trente-troisième observat. (n° 32) le 27 juin 1860.—Madame Ravaux, 28 ans, dixième accouchement, un seul avant-terme O. I. D. P, réduite en 3 heures 1/2.

Poids de l'enfant 3,100 gr.

Diam. O. F. 11 1/2 centim.
Bipar : 13 1/2 »

Trente quatrième (n° 1). — Madame Leroux, 30 ans, cinquième accouchement à terme; bassin bien conformé. Accouchée le 8 avril en 8 heures, d'un enfant de 2,500 gr. venu en position O. I. gauche postérieure, réduite.

Diam. O. F. 10 centim.
Bipar : 8 »

Trente-cinquième observat. (n° 25). — Joséphine Scols, 40 ans, de Liège (Belgique). Accouchée à terme le 4 avril 1860, pour la quatrième fois, d'un garçon du poids énorme de 4,300 gr.

Les trois accouchements antérieurs avaient donné des filles. Position occipito-iliaque gauche postérieure, réduite.

Diam. O. F. 15 centim.
Bipar : 11 »

Trente-sixième observat. (n° 6). — Adèle Bombérèque, 21 ans. Elle a eu un premier enfant à 7 mois, qu'elle a nourri et qui a vécu; son bassin est bien conformé. Elle est à terme cette fois, l'enfant se présente en position occipito-iliaque droite postérieure.

L'accouchement se termine en 5 heures 1/2 en occipito-pubienne le 9 avril 1860, poids de l'enfant 2,600 gr.

Diam. O. F. 11 centim.
Bipar : 9 »

Trente-septième observat. (n° 14). — Rose Basselet, 36 ans, deuxième accouchement à terme; bassin normal, présentation du sommet en occipito-iliaque droite postérieure. Terminaison en 10 heures après réduction, le 10 mars, poids de l'enfant 3,450 gr.

Diam. O. F. 12 centim.
Bipar : 10 »

Trente-huitième observat. (n° 12). — Louise Melsinger, 23 ans, troisième accouchement à terme, bassin normal. Accouchée le 3 avril, en 6 heures d'une fille de 3,400 gr venue en position occipito-iliaque gauche postérieure, réduite.

Diam. O. F. 11 centim.
Bipar : 10 »

Trente-neuvième observat. (n° 18) — Louise Bernard, 21 ans, deuxième accouchement à terme. Traces de rachitisme, probabilité pour une déformation du bassin. Accouche le 8 avril, en

8 heures 1/2, d'un enfant de 3, 100 gr. venu en position O. I. D,
P. réduite.

Diam. O. F.   12 centim.
Bipar :   9 »

Quarantième observat. (n° 5) — Denise Salarin, femme Ché-
rouse, 38 ans; entrée le 7 juillet 1864. Elle a déjà eu 5 enfants;
accouchée pour la sixième fois à terme, le 23 juillet, en 9 heures, position O. I, droite postérieure réduite. Garçon, poids
3,700 gr.

Diam. O. F.   12 centim.
Bipar :   9 »

Elle se disait hystérique, mais M. Depaul a constaté un accès
d'épilepsie; on apprend du reste qu'elle a été traitée comme
telle à la Salpêtrière, avant sa première grossesse.

Pas d'albumine dans l'urine.

Quarante-et-unième observat. (n° 6). —6 novembre 1864. Eugénie Perrin; bassin 8 c. 1/2 net. Elle a eu deux accouchements
à terme, dont un laborieux et un spontané. Aujourd'hui elle
accouche encore à terme d'un enfant souffrant, de 3,400 gr. venu
par une très laborieuse application du forceps en première position du sommet. Emploi du chloroforme ; dans le premier
accouchement, on avait été obligé d'appliquer 4 fois le céphalo-
tribe, avec tractions.

Dans le deuxième, elle accoucha spontanément en position
O. I. D. P., réduite, en 17 heures 1/2, d'un enfant de 3,750 gr.
La tête était très réductible.

Quarante-deuxième observat. (n° 6). — Madame Schombert
25 ans, troisième accouchement à terme; bassin normal, terminaison le 23 mars 1860, en 7 heures 20 minutes.

L'enfant se présentait en O. I. droite postérieure, la réduction ne se fit pas, l'occiput se dégagea en bas.

Poids de l'enfant 3,000 gr.

Diam. O. F.   12 centim.
Bipar :   10 »

Quarante-troisième observat. (n° 16). — Léonie Bury, 26 ans,
a eu une fille le 18 mars, grossesse gémellaire, accouchement à
8 mois 1/2, suite de chute, les eaux s'écoulent.

Le premier enfant venu en 1er du sommet le deuxième en
O. I. D. P, à 35 minutes d'intervalle. Ils vivent tous deux : le
premier pesait 2550 gr. le deuxième 3,000 gr. Les diamètres de
la tête de celui-ci dépassaient tous ceux du premier de 1/2 c.

Quarante-quatrième observat. (n° 26) 18 février 1865. —
Zélie Lu , 19 ans, à terme O. I. D. P. réduite en 5 heures. Dans
une première grossesse le travail avait duré 17 heures, poids
de l'enfant 3,200 gr.

Diam. O. F.   19 1/2 centim.
Bipar .   9 1/2 »

Quarante-cinquième observat. (n° 13) 18 février 1865. — Madame Berger, sixième accouchement, O. I. D. P réduite en 47 heures, poids de l'enfant 3,700 gr.

Diam. O. F.   11 centim.
Bipar.   9 1/2

Quarante-sixième observat. — Eline Ermond, 23 ans, troisième accouchement, position O. P. droite postérieure, réduite, accouchée le 26 juin, en 10 heures 1|2. Poids de l'enfant 3600 gr.

Cette femme présente, à la suite de son accouchement une éraillure de la ligne blanche, qu'elle dit n'avoir jamais éprouvée.

De ces faits on peut tirer les conséquences suivantes :

1° La primiparité expose davantage aux positions occipito-iliaques postérieures.

2° Chez la primipare on a rencontré l'occiput en arrière et à droite 68 fois 9/10° pour cent, tandis qu'on l'a trouvé 74 fois, 4/10° chez la multipare.

Ces deux premières conséquences sembleraient exclure comme cause des positions du sommet, le rapport de forme qui peut exister entre la tête du fœtus et les différents points de la ligne innominée. Cette cause a déjà été combattue par M Mattei, dans son *Essai sur l'accouchement physiologique* p. 105.

3° Les positions occipito-iliaques gauches postérieures sont bien plus rares que les occ.-il. droites post. chez les primipares comme chez les multipares.

4° Chez les primipares, le travail a été inférieur à 12 heures 11 fois sur 29, soit 37, 9 pour cent, chez la multipare, 13 fois sur 17, soit 76, 4 pour cent.

Ce résultat était facile à prévoir ; mais si on admet en moyenne 12 heures de travail pour les primipares dans les positions antérieures, on aura une différence en faveur de celles-ci de 12 1/10 pour cent.

5° Au-dessus de 12 heures et à fortiori de 24 heures, l'accouchement chez la primipare a neccessité le plus souvent l'intervention de l'art. Rien de semblable chez la multipare.

6° Le poids, et par conséquent le peu de volume de l'enfant n'a pu être cause, chez les primipares comme chez les multipares, de la rapidité du travail, puisque chez les unes comme chez les autres, alors que le travail a été inférieur à 12 heures, le poids moyen de l'enfant a dépassé 3 kilog! de plus, chez les primipares, ce poids paraît concourir la dilatation, tandis qu'il est sans influence chez les multipares.

7° Entre 12 et 18 heures de travail, l'influence du poids de l'enfant est assez manifeste sur la marche du travail, puisque chez les primipares chez lesquelles ce poids moyen était inférieur à 3 k., il y a eu 9 accouchements sur 29, soit 31 pour cent. Tandis qu'il n'y en a eu que 2 sur 17, soit 11. 7 pour cent, chez les multipares dont les enfants dépassaient le poids moyen de 3,500 gr

8° Au dessus de 24 heures, le poids moyen des enfants est remarquablement faible chez les primipares comme chez les multipares ; (une fois seulement chez celles-ci, ce poids a été de 4,300 gr.) Dans tous les autres cas le retard apporté à l'accouchement est dû à d'autres causes, et nous dirons, quand nous nous occuperons du forceps, quelles sont les causes qui ont nécessité l'application de cet instrument sur les primipares chez lesquelles seulement l'art est intervenu.

9° Sur 29 primipares le dégagement en occipito-sacrée a eu lieu deux fois, soit 11, 7 pour cent : Une fois quand le travail a été inférieur à 12 heures, et tout spontanément, et une fois après 24 heures à l'aide du forceps.

Sur 16 multipares, il y a eu aussi deux dégagements en occipito sacrée, mais tous deux spontanément et dans un travail ne dépassant pas 12 heures. D'où l'on peut conclure que chez les multipares, il y a une plus grande tendance à l'absence du mouvement de rotation ; ce qui peut s'expliquer par le moins de résistance des parties maternelles, plutôt que par le moins de force des contractions utérines, car le travail a été rapide, et d'ailleurs l'énergie des contractions a aussi pour effet de faire engager la tête du fœtus dans l excavation.

Nægelé sur 96 positions postérieures n a vu l'occiput se dégager en arrière que trois fois, M. Stoltz ne l'a pas noté une seule fois dans 29 cas, et M. Dubois l'a observé 39 fois sur 503 positions occipito postérieures.

∠0" Il est un élément important dans la question, à l'aide duquel je veux formuler cette dernière conséquence; c'est la grosseur de la tête fœtale. Or, on se contente généralement de mesurer les diamètres longitudinaux et transversaux, mais la déformation que subit la tête en raison de sa grande malléabilité rend cette opération infidèle. Les diamètres sont : l'antéro postérieur allongé. le transverse rétréci plus ou moins.

Voici donc ce que je propose, et je crois avoir le premier exécuté cette pensée :

En multipliant le diamètre longitudinal par le diamètre transversal le plus larg c obtient assez exactement la surface de la tête avant l'engagement. c'est à-dire quand elle peut plus ou moins retarder l'accouchement. J'ai donc fait ce travail dáns mes 46 observations et j'ai obtenu un résultat qui me permet de conclure que chez les multipares. les diamètres combinés (104 centim.) moindres, que chez les primipares, (108. 3 centim.) ont aussi nui à la production du mouvement de rotation, et facilité le dégagement en occipito sacrée, dans les cas où le travail a été inférieur à 12 heures. J'ai omis à dessein le diamètre occipito-mentonier, qui n'a d'utilité que dans les présentations de la face.

Je n'ai pas cru devoir faire intervenir non plus le sous occipito-bregmatique qui oppose rarement un obstacle sérieux à l'accouchement. Je n'ignore pas que ma méthode de multiplier le diamètre bi-pariétal par l'occipito-frontal est bien primitive pour apprécier l'étendue de l'ovoïde céphalique ; et qu'on arriverait à un résultat plus exact en prenant la surface d'un cercle qui aurait pour diamètre, une ligne moyenne proportionnelle entre ses deux axes ; mais je n'ai pas voulu compliquer une question de pratique qu'il me suffit d'avoir indiquée.

Pour le cas dans lesquels le travail a dépassé 24 heures, les dimensious de la tête du fœtus chez les multipares (108 cent.) ont dépassé les dimensions des têtes de fœtus venus des primipares (105 cent.) et cependant ce sont celles-ci qui ont réclamé l'intervention de l'art !

Comme corollaire des propositions ci-dessus, je noterai en terminant, que sur les 29 primipares le bassin a été trouv é rétréci 6 fois (4e, 14e, 23e. 25e, 27e, 29e, obs.) une seule fois il n'a pas été examiné (8e observation).

Le forceps a été appliqué 8 fois chez les femmes primipares, savoir : 4 fois pour rétrécissement (23e, 29e, 27e, 25e, observ.) deux fois pour contractions insuffisantes (22e et 28e obs.), une fois pour éclampsie (26e obs.), et une fois pour insertion vicieuse du placenta 24 obs.)

L'opérateur a dégagé l'occiput une seule fois en arrière (22e obs.), une autre fois en avant pour une position transversale primitive (24e obs.) et 6 fois en avant (23e, 25e, 26e, 27e, 29e. et 28e obs.) L'enfant de la femme qui fait le sujet de la 27e observation, est venu après 41 heures de travail, par le forceps, la bouche pleine de méconium, mais vivant. Dans ce dernier cas, **M.** Pajot a déclaré que la tête était venue transversale au moment de l'application.

Les enfants venus dans ces 6 cas ont présenté : l'un une fracture du crâne avec projection de l'œil hors de l'orbite, mort consécutive 25e obs.), l'autre une grande faiblesse, perte de méconium, également mort (23e obs) deux autres enfants venus dans les mêmes conditions ont été ranimés (24 et 26e ob.); un quatrième vivait encore 5 jours après l'accouchement (29e obs) Les autres enfants non plus que ceux venus spontanément n'ont rien présenté de particulier, si ce n'est l'avorton mort-né de la 21e observation.

Les complications de ces accouchements ont été, parmi les femmes accouchées en moins de 12 heures : procidence des deux mains (18· obs.), un kyste de l'ovaire (12· obs.) coïncidant avec la grossesse et ayant ceci de remarquable, qu'il n'a présenté aucune difficulté, une oblitération du col (16· obs.), une procidence des bras et des accidents déjà notés qui ont engagé l'opérateur à se servir de l'instrument.

Enfin notons encore deux cas de péritonite (3e et 5e obs·) et un cas de manie puerpérale(11e obs.)dans les accouchements qui se sont terminés avant 12 heures; deux autres cas d'inflammation péritonéale chez les femmes accouchées entre 12 et 24 heures (17· obs.), dont un cas a suivi l'application du forceps (22· obs,); et, chose singulière, aucun accident n'est venu entraver le rétablissement de la femme chez celles dont le travail parturitif a dépassé 24 heures.

La trop grande promptitude de l'accouchement serait donc fatale à la mère.

Quant aux multipares, l'état des enfants a toujours été satisfaisant Deux mères (30· et 41· obs.) avaient un rétrécissement de bassin. Une autre a eu un accès d'épilepsie (27 obs.); et la femme qui fait le sujet de l'observation 22· a eu à la suite de l'accouchement une éraillure de la ligne blanche.

Aucune opération n'a été tentée. Deux enfants se sont engagés en occipito-sacrée, le premier (42e obs.) en 7 heures, il était placé en O. I. droite postérieure; le deuxième (32e obs.), placé en O. I. G. postérieure, a été dégagé en 11 heures. Dans la 41e observation, on voit un accouchement spontané dans un bassin retréci, précédé et suivi de deux accouchements très-laborieux.

C'est encore chez une multipare (43 obs.) que s'est présenté l'accouchement gémellaire dont le deuxième enfant venu en O. I. D. P. a suivi de 35 minutes la sortie du premier. Il est à regretter que le mode de dégagement n'ait pas été noté.

CONCLUSION.

En fin de compte, voici la réponse que je crois pouvoir faire à la demande que je m'étais posée.

Bien que reconnaissant le mode de dégagement en occipito-pubienne comme le plus favorable lorsqu'il est spontané, je crois que dans le cas d'intervention pressée, l'accoucheur doit s'efforcer de placer son instrument de manière à entraîner l'occiput en arrière et le front sous le pubis. La concavité supérieure de l'instrument regarde alors en avant et à gauche, dans les positions occipito-iliaques droites postérieures, et en avant, et à droite dans les positions occipito-iliaques gauches. Après des efforts restés infructueux, comme la position qu'occupe le forceps. est celle qui convient pour la première application à faire dans le but d'exécuter le mouvement de rotation, on peut alors tenter cette manœuvre et, une fois l'occiput derrière la cavité cotyloïde, retirer l'instrument pour le réappliquer quelques instants après, afin de terminer comme dans les positions antérieures.

Il va sans dire, que si la tête tourne d'elle-même ou en plaçant les cuillers, comme dans les observations 24· et 28·, c'est au dégagement occipito-pubien qu'il faudra recourir.

Ici, je m'arrête. La place accordée dans un journal, à des publications de ce genre a déjà été dépassée, et je remercie Monsieur le Rédacteur en chef de l'*Abeille*, de l'hospitalité qu'il veut bien m'accorder dans ses colonnes. Si le but que j'ai recherché est atteint, je suis heureux ; si les faits que j'ai réunis avec peine sont insuffisants pour justifier mes conclusions, je prie ceux de mes confrères qui auraient des éléments à apporter de m'aider à élucider ce problème d'une importance pratique incontestable.

Dʳ E. Verrier

Paris. — Imprimerie Moquet, rue des Fossés-Saint-Jacques, 11.

9 782013 024198